BEI GRIN MACHT SICH IHR WISSEN BEZAHLT

Robert Schneider

Der Syndromansatz im Geographieunterricht

GRIN Verlag

Bibliografische Information der Deutschen Nationalbibliothek:

Die Deutsche Bibliothek verzeichnet diese Publikation in der Deutschen National-
bibliografie; detaillierte bibliografische Daten sind im Internet über http://dnb.d-
nb.de/ abrufbar.

Impressum:

Copyright © 2009 GRIN Verlag GmbH
Druck und Bindung: Books on Demand GmbH, Norderstedt Germany
ISBN: 978-3-656-34540-4

Dieses Buch bei GRIN:

http://www.grin.com/de/e-book/207368/der-syndromansatz-im-geographieunterricht

GRIN - Your knowledge has value

Inhaltsverzeichnis

1. Didaktische Grundfragen in der Praxis

1.1. Lohnende Fragestellung

Die Auseinandersetzung mit bestimmten Themen in der Schule erfolgt meist in drei Formen, welche sich auf viele Unterrichtseinheiten anwenden lassen. Zuerst wird der Einstieg in ein Thema durch den Lehrer gegeben. Der zweite Schritt ist das selbständige Erarbeiten des Themas der Stunde durch die Schüler. Erst wenn diese beiden Schritte abgeschlossen sind, kann es zu einer gemeinsamen Erarbeitung des Problems durch den Lehrer und die Schüler kommen[1]. Wie man an Hand diese kurzen Beispiels sehen kann erfordert der Lernprozess von Schülern nicht nur Denkprozesse, sondern vielmehr können in den Unterricht auch verschiedene Handlungsprozesse verarbeitet werden. Dabei ist für die Schüler die Lernmotivation von besonderer Bedeutung. Dabei kann man in der Fachdidaktik unter mehreren Typen der Motivation unterscheiden. Wichtig ist jedoch immer wieder die Auslösefunktion. Diese Funktion wird durch die Interessen des Schülers am Thema initiiert und trägt somit zum Erhalt des Lernprozesses bei[2].

Aufgrund dieser Erfahrungen von der Motivation der Schüler, kann man ableiten das so genannte rentable Aufgabeneine Fragestellung benötigen, welche bei den Schülern das Interesse weckt und somit der Lernprozess angeregt wird. Jedoch ist es nicht immer möglich alle Interessengruppen für das Thema der Stunde zu gewinnen. Außerdem soll ein Mittelmaß zwischen den Interessen der Schüler und den Anforderungen der Schule bestehen. Es kann nicht nur auf die Interessen der Schüler geachtet werden, wenn man deswegen das Lernziel außer Augen verliert.

1.2. Vier Typen lernprozessanregender Aufgabenstellung

Tulodziecki unterscheidet in seinen Betrachtungen vier Typen von lernprozessanregenden Aufgabenstellungen und legt einige Merkmale dafür fest[3]:

   a) Merkmale:

Merkmale von lernprozessanregenden Aufgabenstellungen sind Verständlichkeit, Situationsbezug, Bedeutsamkeit, Neuigkeitswert, angemessener Schwierigkeitsgrad und die Möglichkeit der exemplarischen Erschließung des Inhalts.

---

[1] Peterßen: Lehrbuch Allgemeine Didaktik. S. 400.
[2] Rinschede: S. 60.
[3] Tulodziecki: S. 23.

1

b) Komplexe Probleme

Bei diesem Punkt sollen Lösungen, Konventionen, Normen, Verfahren, Systeme an Hand von verschiedenen Problemen erarbeitet werden.

c) Komplexe Entscheidungsfälle

Dabei sollen von den Schülern Entscheidungen an Hand von verschiedenen Handlungsmöglichkeiten getroffen werden (Ziel- und Wegkonflikt).

d) Komplexe Gestaltungsaufgaben

Gestaltung einer Situation, eines Verfahrens oder eines Produktes wird verlangt.

e) Komplexe Beurteilung

Bei diesem Punkt sind die Beurteilungen von Problemlösung, Entscheidung und Gestaltung gefragt. Diese Bewertungskriterien sollen erarbeitet, diskutiert und angewendet werden.

2. Raumkonzepte

Das „Curriculum 2000+". Grundsätze und Empfehlungen für die Lehrplanarbeit im Geographieunterricht" arbeitet mit vier Raumkonzepten, welche nicht nur im Lehrplan vorhanden sein, sondern auch aktiv im Unterricht angewendet werden sollen.

Bei der praktischen Anwendung dieser Konzepte ist es für die Lehrer wichtig, dass sie sich zwischen den einzelnen Raumkonzepten sicher bewegen und immer ihre Entscheidungen für das eine oder andere Konzept sicher begründen können[4].

Die angesprochenen Räume im Geographieunterricht sind:

- Raum als Container
- Raum als System von Lagebeziehungen
- Raum als Kategorie der Sinneswahrnehmung
- Raum als Perspektive ihrer sozialen, technischen und politischen Konstruiertheit[5]

---

[4] Jenaer Geographiedidaktik: S. 5.
[5] Jenaer Geographiedidaktik: S. 6.

2.1. Raum als Container

In landschaftsgeographischer Perspektive werden Räume als Container aufgefasst, in denen bestimmte Sachverhalte der physisch-materiellen Welt enthalten sind. In diesem Sinne werden Räume als Wirkungsgefüge natürlicher und anthropogener Faktoren verstanden, als das Ergebnis von Prozessen, die die Landschaft gestaltet haben oder als Prozessfeld menschlicher Tätigkeiten." (ARBEITSGRUPPE CURRICULUM 2000+ DER DEUTSCHEN GESELLSCHAFT FÜR GEOGRAPHIE 2002)[6].

2.2. Raum als System von Lagebeziehungen

Der raumwissenschaftlich informierte Blick betrachtet dagegen Räume „als Systeme von Lagebeziehungen materieller Objekte, wobei der Akzent der Fragestellung besonders auf der Bedeutung von Standorten, Lagerelationen und Distanzen für die Schaffung gesellschaftlicher Wirklichkeiten liegt" (ARBEITSGRUPPE CURRICULUM 2000+ DER DEUTSCHEN GESELLSCHAFT FÜR GEOGRAPHIE 2002)[7].

2.3. Raum als Kategorie der Sinneswahrnehmung

In wahrnehmungsgeographischer Perspektive werden Räume „als Kategorie der Sinneswahrnehmung und damit als „Anschauungsformen" gesehen, mit deren Hilfe Individuen und Institutionen ihre Wahrnehmung einordnen und so die Welt in ihren Handlungen „räumlich" differenzieren (ARBEITSGRUPPE CURRICULUM 2000+ DER DEUTSCHEN GESELLSCHAFT FÜR GEOGRAPHIE 2002)[8].

2.4. Raum als Perspektive ihrer sozialen, technischen und politischen Konstruiertheit

Diesen Perspektivenwechsel hin zu den subjektiven Bedeutungen würden wir als konstruktivistisch orientierte Lehrer befürworten. Wir würden generell Räume „in der Perspektive ihrer sozialen, technischen und politischen Konstruiertheit auffassen, indem

---

6 Jenaer Geographiedidaktik: S. 7.
7 Jenaer Geographiedidaktik: S. 7.
8 Jenaer Geographiedidaktik: S. 8.

danach gefragt wird, wer unter welchen Bedingungen und aus welchen Interessen wie über bestimmte Räume kommuniziert und sie durch alltägliches Handeln fortlaufend produziert und reproduziert"

(ARBEITSGRUPPE CURRICULUM 2000+ DER DEUTSCHEN GESELLSCHAFT FÜR GEOGRAPHIE 2002)[9].

3. Die sechs Kompetenzbereiche

Nach den „Bildungsstandards im Fach Geographie für den Mittleren Schulabschluss" der Deutschen Gesellschaft für Geographie, sollen die Schüler nach dem Erwerb des Mittleren Schulabschlusses über verschiedene Kompetenzen verfügen. Diese Kompetenzen sollen von natur- und gesellschaftswissenschaftliche Kompetenzen im Allgemeinen bis u spezifisch geographischen Kompetenzen reichen.

Die Anordnung der Kompetenzen und Bildungsstandards im Fach Geographie umfasst drei Ebenen[10]:

a) Kompetenzbereiche

Fachwissen (F)

Räumliche Orientierung (O)

Erkenntnisgewinnung/Methoden (M)

Kommunikation (K)

Beurteilung/Bewertung (B)

Handlung (H)

b) Verschiedene Kompetenzen F1, F2,…, K1,…, B3,…

c) Einzelne Standards in jeweiligen Kompetenzbereichen S1, S2, S3,…

Dabei ist zu beachten, dass die Kompetenzbereiche nicht als einzelne Bausteine verstanden werden, die miteinander nichts zu tun haben. Vielmehr ist die Verknüpfung der Bausteine miteinander das Ziel. Die Gesamtkompetenz ergibt sich aus der jeweiligen Ergänzung verschiedener Kompetenzen.

---

9 Jenaer Geographiedidaktik: S. 9.
10 Deutsche Gesellschaft für Geographie.

Ein gutes Hilfsmittel um die gestellten Aufgaben der geplanten Unterrichtsstunde in die zu vertiefenden Kompetenzbereiche einzuordnen und zu überprüfen, ist die Analysespinne[11]. Mit ihrer Hilfe lassen sich die komplexen Unterrichtsziele visualisieren und im späteren Verlauf auch analysieren. Die Funktion der Analysespinne ist zum Einen die Vernetzung von mehreren Teilaspekten und zum Anderen soll sie eine Strukturierungshilfe für die Lehrkräfte sein[12].

4. Didaktische Analyse nach Klafki

Die Grundlage von Klafkis Studien bildet die Begegnung des Menschen mit der kulturellen Wirklichkeit. Er versucht mithilfe von der erstmals von Weniger eingeführten Kategorie, eine historisch-systematische Untersuchung festzustellen. Dieser Bildungsbegriff der hier entstanden ist dient als Grundlage der didaktischen Theorie von Klafki. Jedoch muss dieser Grundlage noch ein gewisser Inhalt hinzugefügt werden[13].

> *„Eine Theorie des Handelns [...] kann seine Didaktik nur entwickeln, wenn ihr die Ziele dieses Handelns bekannt sind."[14]*

Die Ziele sind wie folgt definiert[15]:

1. Der Anspruch auf eine erfüllte Gegenwart muss gewahrt bleiben.
2. In Anbetracht das der Schüler in einer zukünftigen Welt leben wird, sollen Vorwegnahmen gewagt werden.
3. Das Leitbild muss ein gebildeter Laie sein.

Die didaktische Analyse wurde erstmals 1958 veröffentlicht, nachdem Klafki sie schon mehrfach im Unterricht erprobt hatte. Diese Analyse soll den Kern der Unterrichtsvorbereitung darstellen. Sie klärt, ob ein bestimmter Inhalt in einer bestimmten Situation für bestimmte Kinder zum Bildungsinhalt nach kategorialem Verständnis werden könnte. Die didaktische Analyse ist aus fünf Hauptfragen mit zusätzlichen Unterfragen ausgestattet. Die Leitfragen sind folgende[16]:

1. Welchen größeren Zusammenhang vertritt und erschließt der Inhalt? Welches Urphänomen oder Grundprinzip, welches Gesetz, Kriterium, Problem, Methode,

---

[11] Deutsche Gesellschaft für Geographie: S.34.
[12] Deutsche Gesellschaft für Geographie: S.35.
[13] Peterßen: Lehrbuch Allgemeine Didaktik. S. 158 f.
[14] Peterßen: Lehrbuch Allgemeine Didaktik. S. 160.
[15] Peterßen: Lehrbuch Allgemeine Didaktik. S. 160.
[16] Peterßen: Lehrbuch Allgemeine Didaktik. S. 167.

Technik oder Haltung lässt sich in der Auseinandersetzung mit ihm exemplarisch erfassen?

2. Welche Bedeutung hat der betreffende Inhalt bzw. die an diesem Thema zu gewinnen Erfahrung, Erkenntnis, Fähigkeit oder Fertigkeit bereits im geistigen Leben der Kinder, welche Bedeutung sollte er vom pädagogischen Gesichtspunkt aus gesehen darin haben?

3. Worin liegt die Bedeutung des Themas für die Zukunft der Kinder?

4. Welches ist die Struktur des Inhaltes?

5. Welches sind die besonderen Fälle, Phänomene, Situationen, Versuche, Personen, Ereignisse, Formelemente, in oder an denen die Struktur des jeweiligen Inhaltes den Kindern dieser Bildungsstufe, dieser Klasse interessant, fragwürdig, zugänglich, begreiflich, anschaulich werden kann?

5. Die Praxis

Im Folgenden wird die im vorigen Teil erarbeitete Theorie zu den verschiedenen didaktischen Grundfragen anhand eines Beispiels aus „GEOS 6: Lehrbuch Geographie. Deutschland in Europa" angewendet und auf ihre Praxistauglichkeit hin überprüft werden. Als Beispiel dient hier die Doppelseite 82 bis 83 zum Thema „Tourismus als Wirtschaftsfaktor".

5.1. Lohnende Fragestellung

Jeder Schüler fährt gerne in den Urlaub. Ob es die Familien nun in die Ferne zieht oder Deutschland als Attraktion gewählt wird spielt bei der Behandlung nur eine geringe Rolle. Denn wenn manche Schüler nur ins Ausland fahren um Urlaub zu machen, dürfte es für sie umso interessanter sein auch Deutschland als Tourismusstandort zu entdwecken.

Somit ist das Thema durchaus relevant für alles Schülergruppen. Für jene die Deutschland schon durch den eigenen Urlaub kennen und auch für jene die sich noch kaum Gedanken über den Standort Deutschland gemacht haben. Diese Konstellation fördert ein hinterfragen der eigenen Ansichten und ein Lernprozess kann in Gang gesetzt werden.

5.2. Lernprozessanregende Aufgabenstellungen

Bei dieser Doppelseite kann man verschiedene Typen von lernprozessanregenden Aufgabenstellungen verwenden. Typ 4 und Typ 5 scheinen jedoch die geeignetsten zu sein. Durch den Typ 4 sollen die Schüler die verschiedenen Standorte von Touristenattraktionen hinterfragen und beurteilen. Der Typ 5 verlangt von den Schülern hingegen die positiven und negativen Aspekte und die damit verbundenen Probleme des Tourismus zu beurteilen und zu diskutieren.

5.3. Die vier Raumkonzepte

Der Raum als Container ist für die Schüler durch die verschiedenen Fakten dargestellt. Das sind zum Einen die verschiedenen Zahlen zu den Umsätzen des Tourismus und zum Anderen die Werte der Beschäftigungszahlen die durch den Tourismus entstanden sind[17].

Das zweite Raumkonzept bei dem der Raum als System von Lagebeziehungen verstanden wird, ist durch die Karte „Sommerurlaub in Deutschland" abgedeckt. Dabei werden den Schülern die Übernachtungen im Fremdenverkehr im Juli in Millionen angezeigt. Dabei wird deutlich in welchen Bundesländern die Tourismusraten am höchsten sind und in welchen Ländern der Tourismus nicht weit verbreitet ist.

Das dritte Raumkonzept – der Raum als Kategorie der Sinneswahrnehmung – wird bei dieser Lehrbuchseite leider vernachlässigt. Einzig wird angesprochen, dass der Tourismus sich positiv auf die Leistungsbilanz der Länder auswirkt und dadurch das Pro-Kopf-Einkommen der Bevölkerung wächst. Jedoch sind weder Interviews mit Personen aus der Tourismusbranche vorhanden, noch irgendwelche Ansichten der Bevölkerung zum Tourismus. Dieses Versäumnis müsste man anhand von eigens erstellten oder recherchierten Materialien mit in den Unterricht einbringen.

Das vierte Raumkonzept – Raum als Perspektive ihrer sozialen, technischen und politischen Konstruiertheit – wird auch nur wie bei den gerade schon erwähnten Auswirkungen auf die Leistungsbilanz der Länder angesprochen. Dazu wird aber auf der rechten Seite noch der Umweltaspekt beim Bau von Freizeitanlagen in Deutschland angesprochen. Dabei soll dem Schüler klar gemacht werden das anhand von Bewertungskriterien die Umwelt geschützt werden und somit das Prinzip der Nachhaltigkeit gefördert werden soll.

---

[17] „In der Bundesrepublik beträgt der Umsatz des Fremdenverkehrs etwa 140 Md. DM. [...] 2 Mio. Arbeitsplätze im Tourismus, davon 1,2 Mio. Vollarbeitsplätze"
GEOS 6: S. 82.

Durch die Anwendung der vier verschiedenen Raumkonzepte wird der Unterricht zu den Kompetenzbereichen der Kommunikation und Beurteilung geleitet. Die Multiperspektivität ermöglicht den Schülern ein komplexes Verständnis des Themas und ihrer Umwelt.

5.4. Die sechs Kompetenzbereiche

Vorerst sei dazu gesagt, dass die Aufgabenvielfalt in diesem Lehrbuch äußerst mangelhaft ist. So findet man auf dieser Doppelseite nur zwei Aufgaben für das Thema. Die Aufgabe 1 ist dem Fachwissen zuzuschreiben, jedoch ist auch hier die Vielfalt der Untergliederung nicht gegeben.

a) Fachwissen   F4   S17

Die Aufgabe 2 des Lehrbuches beinhaltet schon ein wenig mehr und schließt die Orientierung, das Fachwissen und die Beurteilung/Bewertung mit ein.

a) Fachwissen   F3   S13
                         F4   S17
b) Orientierung   O2   S3
c) Beurteilung/Bewertung B2   S3
                         B3   S5

Eine Analysespinne für beide Aufgaben sieht in diesem Fall jeweils folgendermaßen aus:

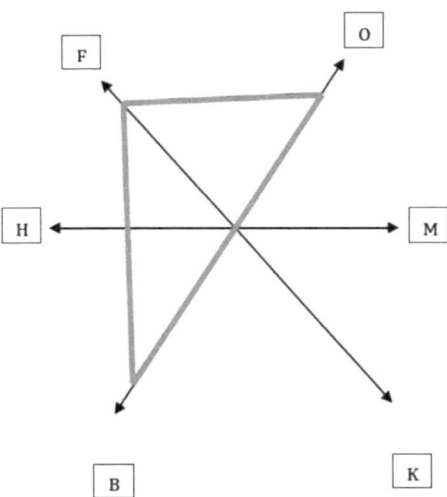

5.5. Didaktische Analyse nach Klafki

a) Exemplarität

Mit dem wirtschaftsgeographischen Thema des Tourismus in Deutschland, wurde zwar ein bestimmtes Beispiel aus der Wirtschaftsgeographie aufgegriffen, jedoch wurde diesem Beispiel nur ein grober Rahmen gesetzt. Ein genaues Detail, wie es zum Beispiel die Ostsee sein könnte, wurde nicht aufgegriffen. Lediglich ein Bild der Stadt Trier deutet auf ein genaues Beispiel für den Oberbegriff der Exemplarität. Das Thema steht repräsentativ für einen Wirtschafsfaktor in der Bundesrepublik Deutschland und auch der Zusammenhang zwischen dem Faktor und der deutschen Wirtschaft ist erkennbar.

b) Gegenwartsbedeutung

Wie schon angesprochen ist es für die Schüler wichtig zu erkennen das auch der Standort Deutschland eine Menge als Urlaubsziel zu bieten hat. Man muss nicht immer ins Ausland fahren um einen schönen Urlaub zu verbringen. Es ist wichtig das die Schüler ihre Ansichten neu überdenken und nicht davon ausgehen, dass Urlaub immer teuer und weit weg verbracht werden muss. Zudem ist der nächste wichtige Punkt bei der Betrachtung dieses Themas, dass durch die vorhandenen Möglichkeiten der Tourismusbranche neue Arbeitsplätze entstehen und die Wirtschaft damit gefördert wird. Die Schüler sollen erkennen, dass es sich durchaus lohnt in der Tourismusbranche zu arbeiten und das es eine große Vielfalt von Arbeitsplätzen an jenen Orten gibt. Der Dienstleistungssektor wird durch solche Standorte gefördert und so kann man den Schülern auch die Entwicklung der Wirtschafssektoren nach Fourastié erläutern.

c) Zukunftsbedeutung

Das Dienstleistungsgewerbe ist in heutiger Zeit schon führender Sektor in den meisten Industrieländern. Der primäre und sekundäre Sektor sind nach und nach abgebaut worden. Die Zukunft liegt im tertiären und quartären Sektor. Deswegen ist es wichtig den Schülern die Bedeutung dieses Wirtschaftszweiges nahe zu bringen. Die Schüler sollen aber nicht nur das positive in dem Thema sehen, sondern auch auf die negativen Aspekte der Umweltverschmutzung hingewiesen werden. Am Ende sollen sie selbst beurteilen können wie wichtig der Tourismus für Deutschland ist und können dieses Beispiel auf andere Staaten anwenden.

d) Inhaltliche Struktur

Die Doppelseite befindet sich am Ende der Unterrichtseinheit „Raumstrukturen und Raumnutzungen in Deutschland. Die Schüler lernen in dieser Einheit verschiedene Räume in Deutschland kennen. Dazu gehören nicht nur die Agrar- und Industrieräume, sondern auch Siedlungs- und Erholungsräume.

e) Zugänglichkeit

Die Schüler lernen einige Basisfakten des Wirtschaftsfaktors Tourismus kennen und können sich grob in das Thema einfinden. Jedoch ist die Ausarbeitung der Lehrbuchseiten nicht optimal und so bleibt es bei der oberflächlich Einsicht in das Thema. Trotzdem ist das Thema für die Schüler zugänglich, das es anhand von Grafiken und Karten die Situation des Tourismus in Deutschland erklärt. Was fehlt sind Berichte über Personen welche in der Branche arbeiten oder sich intensiv mit der Branche beschäftigen müssen. So entsteht ein durchweg positives Bild des Tourismus. Der negative Aspekt in Form von Umweltverschmutzung, Flug- und Straßenlärm wird hier nicht beachtet. So liegt es am Lehrer dieses Versäumnis nachzuholen.

6. Unterrichtsmethoden im Geographieunterricht auf dem Prüfstand: Fallstudie

6.1. Definition

Die Schüler sollen sich mit vielen aus der Praxis gewonnenen Fällen auseinandersetzen und in einer Gruppendiskussion darüber entscheiden welche Lösungsmöglichkeiten vorhanden sind. Diese Lösungsmöglichkeiten sind dann Anreiz zu weiteren Diskussionen über die Durchsetzbarkeit und die Bedingungen in der Realität. Einfach gesagt ist die Fallstudie eine Entscheidungsübung welche durch selbständige Gruppendiskussion am realen Beispiel einer Situation durchgeführt wird[18].

Charakteristisch ist dabei[19]:

- Höchstmaß an Realität und Risikolosigkeit für die Schüler
- Förderung
  - der Fähigkeit von eigenständigen Problemlösungen
  - Von Planung, Überprüfung, Entscheidung
  - Von eigenständiger Informationsbeschaffung
  -

---

[18] Brettschneider, Kaiser: S. 130.
[19] Peterßen: Kleines Methoden-Lexikon. S. 92 f.

7. Literaturverzeichnis

Barth, Ludwig; Dieter Richter (1994): GEOS 6. Lehrbuch Geographie. Deutschland in Europa. Berlin.

Jenaer Geographiedidaktik: Raumkonzepte im Geographieunterricht. Internet: http://www.schulgeographen-thueringen.de/Raumkonzepte.pdf. (30.09.2009).

Kaiser, Franz-Josef; Volker Brettschneider (2006): Fallstudie. In: Wiechmann, Jürgen (Hrsg.): Zwölf Unterrichtsmethoden. Weinheim.

Peterßen, Wilhelm H. (2001^2): Kleines Methoden-Lexikon. München.

Peterßen, Wilhelm H. (2001^6): Lehrbuch Allgemeine Didaktik. München.

Rinschede, Gisbert (2005^2): Geographiedidaktik. Paderborn.

Tulodziecki, Gerhard: Unterricht und allgemeine Didaktik . Internet: https://www.uni-paderborn.de/fileadmin/kw/Institute/Erziehungswissenschaft/mepaed/downloads/tulodziecki/WiSe_2005_06_uad_folien.pdf. (29.09.2009).